AF263031

NOTE

SUR LES

EFFETS DU GAZ ACIDE CARBONIQUE

à

ROYAT

Envisagés au Point de vue Physiologique et Thérapeutique

PAR

LE Dʳ FRÉDET

Ancien interne des Hôpitaux de Paris, Médecin consultant à Royat, etc.

***

PARIS

LIBRAIRIE GERMER-BAILLIÈRE

108, BOULEVARD SAINT-GERMAIN, 108

1880

NOTE

SUR LES

EFFETS DU GAZ ACIDE CARBONIQUE

à

ROYAT

Envisagés au Point de vue Physiologique et Thérapeutique

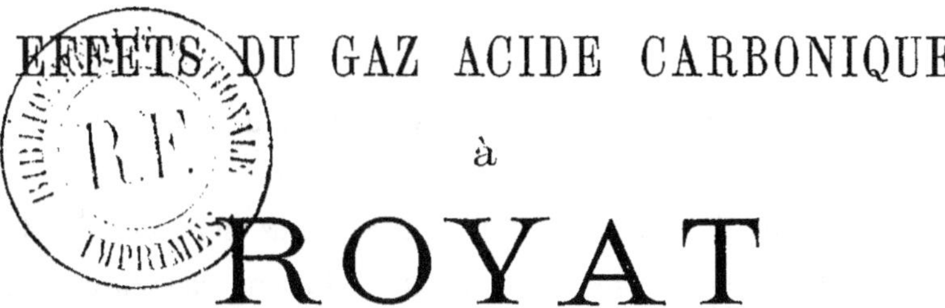

PAR

LE Dr FRÉDET

Ancien interne des Hôpitaux de Paris, Médecin consultant à Royat, etc.

PARIS

LIBRAIRIE GERMER-BAILLIÈRE

108, BOULEVARD SAINT-GERMAIN, 108

1880

Avant de commencer ce travail, j'avais eu la pensée d'écrire à l'honorable M. Desnos, médecin des hôpitaux de Paris, dont la compétence sur ce sujet est indiscutable, pour lui demander conseil. M. Desnos me fit l'honneur de m'écrire la lettre suivante, que je suis heureux de reproduire ici, et où il indique clairement son opinion sur les effets thérapeutiques du gaz acide carbonique :

« Mon cher Confrère,

« Depuis que j'ai publié mon mémoire sur le *Traitement des Maladies des femmes par les Eaux minérales*, je n'ai pas eu à modifier beaucoup mes opinions sur le rôle de l'acide carbonique dans la thérapeutique de certaines affections douloureuses des organes génitaux de la femme et sur l'utilité qu'il y avait à l'employer dans des stations thermales où on a l'habitude de traiter les affections utérines, où l'on peut disposer de quantités notables d'acide carbonique et où l'on est en possession d'appareils convenables pour l'administrer. Je m'appuyais pour le conseiller sur les résultats obtenus par plusieurs observateurs avec l'acide carbonique artificiellement préparé, dans les affections douloureuses en question. Je faisais appel à la clinique hydro-minérale. Jusqu'ici, il ne me semble pas que cet appel ait été entendu. Il me paraît donc que vous feriez une chose profitable en instituant des expériences sur ce sujet dans les formes douloureuses ; car c'est surtout contre les manifestations éréthiques de la métrite, de la dysménorrhée simple ou membraneuse, que l'acide carbonique semble surtout destiné à agir favorablement.

« Resterait à déterminer s'il pourrait fournir davantage, c'est-à-dire une action résolutive.

« C'est sous la forme de douches ou injections de gaz plus ou moins courtes ou prolongées, peut-être diluées, dans certains cas, avec une proportion variable d'air atmosphérique, questions qui seraient à étudier par vous, injections données dans le vagin, dirigées sur le museau de tanche ou sur l'orifice vulvaire, selon les localisations de la douleur, avec des appareils convenables, voire même avec de simples canules à injections pour femmes, qu'il conviendrait d'administrer ce remède. Quant aux phénomènes d'intoxication, d'ivresse, vous auriez à les surveiller, mais je crois que vous les observeriez rarement ; les surfaces sur lesquelles vous opéreriez étant relativement limitées et peu absorbantes. Vous auriez à étudier s'il n'y aurait pas lieu d'étendre la sphère d'action de l'acide carbonique sur quelques régions du bassin, tels que l'hypogastre, les régions lombaire et sacrée. Mais je ne crois pas qu'il y ait lieu de recourir aux bains généraux de gaz, qui pourraient avoir une action différente et éloignée de la sédation. J'ai parlé aussi de l'application de ces douches dans le cancer de l'utérus, lorsque, pour une raison ou une autre, il s'en égare quelqu'un dans une station thermale. Mais c'est là un point de vue d'une importance secondaire et rarement applicable. Telle est, mon cher confrère, mon opinion sur le rôle de l'acide carbonique pour le sujet qui nous occupe. Si vous aviez besoin de quelques autres renseignements, je me tiens à votre disposition.

« Recevez, mon cher Confrère, l'assurance de mes sentiments dévoués.

« L. DESNOS. »

NOTE

SUR LES

EFFETS DU GAZ ACIDE CARBONIQUE

à

ROYAT

Envisagés au Point de vue Physiologique et Thérapeutique

Les *Eaux de Royat* appartiennent à la classe des Eaux alcalines mixtes chlorurées sodiques, ferrugineuses, arsenicales et lithinées dont on trouve plusieurs types remarquables en Auvergne. Elles sont, en outre, très-gazeuses, et le gaz qu'elles renferment à l'état de dissolution ou à l'état libre est le gaz acide carbonique.

Elles empruntent une part importante de leurs vertus curatives à la présence de ce corps sur les propriétés physiologiques et thérapeutiques duquel je veux en quelques mots appeler l'attention.

Pour en faciliter l'étude, je l'envisagerai sous les trois aspects sous lesquels il existe et est appliqué à Royat :

1° A l'état de dissolution dans l'eau, agissant alors soit sur la peau ou les muqueuses par le bain à eau courante, soit sur la muqueuse digestive par l'eau minérale prise en boisson ;

2° Le gaz carbonique se retrouve dans les salles d'inhalation des vapeurs minérales, et tout en indiquant ses propriétés hyposthénisantes, je ferai ressortir la nécessité de sa présence dans les eaux minérales pour que leurs vapeurs transportent avec elles les principes minéraux qu'elles contiennent en dissolution ;

3° Enfin, je signalerai son troisième mode d'action dans les bains et douches de gaz sous lesquels on l'utilise.

§ I. — Action du Gaz carbonique

a. Sur la peau et les muqueuses dans le bain
b. Sur le tube digestif, quand l'eau est prise en boisson.

a. L'on peut prendre à Royat deux sortes de bains à eau courante : le bain du grand établissement thermal d'une température de + 34,5° centigrades et le bain dit *de César*, d'une température de + 27° centigrades.

Grâce à la thermalité de l'eau du premier de ces bains qui se rapproche de la température humaine, on peut sans danger prolonger l'immersion pendant une heure environ. On observe alors, surtout chez les personnes à peau fine et délicate, une sensation spéciale de picotement général, et à la sortie du bain, une coloration rouge plus ou moins accusée de toute la surface cutanée.

Cette sensation de picotement est bien plus marquée quand on se plonge dans le *bain de César*, où l'on ne séjourne habituellement que 10 à 20 minutes au maximum, à cause de la température de l'eau, qui n'est que de + 27° centigr. — C'est surtout dans ce bain qu'on observe l'apparition, sur toute la surface de la peau, de petites bulles s'attachant à l'épiderme sous forme de rosée. La première sensation qu'on éprouve en entrant dans l'eau est un sentiment de fraîcheur auquel succède après quelques minutes, surtout si l'on reste immobile, une sensation de chaleur assez accentuée.

C'est principalement quand le corps émerge du bain où il était plongé qu'on peut le mieux remarquer cette rougeur caractéristique de la peau qui est évidemment due à l'afflux du sang dans le réseau capillaire sous-cutané.

L'on tire profit de cette action toute physiologique du gaz carbonique sur la peau pour réchauffer et faire un appel des plus utiles à l'enveloppe cutanée, chez les anémiques, gens à circulation périphérique paresseuse, surtout chez les femmes dont la circulation des membres inférieurs et par cela même le calorique sont si défectueux.

C'est à l'action hyposthénisante du gaz carbonique de l'eau du bain qu'il faut attribuer les effets réellement remarquables observés dans l'hypéresthésie vulvaire, connue sous le nom de vaginisme, dans le prurit insupportable de l'eczéma, dans les douleurs si vives dont se plaignent les gens atteints de gangrène sèche des extrémités, les névralgies diverses, etc.

b. **Action du Gaz sur le tube digestif quand l'eau est prise en boisson.**

Quand l'eau est prise en boisson aux différentes sources de Royat, les effets du gaz carbonique se manifestent du côté de la muqueuse buccale, linguale, pharyngo-œsophagienne par une sensation de picotement et de chaleur allant jusqu'à la brûlure chez les personnes à muqueuse dépouillée de son épithélium. Cette sensation se propage le long de l'œsophage et de l'estomac. Généralement l'eau de Royat est bien tolérée et il est rare d'observer la non-digestion de l'eau, tant il est vrai que, comme on l'a fort judicieusement et spirituellement dit, le gaz carbonique est le *passe-port* des eaux minérales ; sous son influence l'appétit augmente, les fonctions de nutrition et d'assimilation s'accomplissent avec plus d'énergie, la sécrétion glandulaire est plus abondante. Le contact du gaz sur les muqueuses atteintes de catarrhe agit par méthode substitutive en modifiant l'inflammation devenue chronique en même temps qu'il exerce une action sédative sur les affections douloureuses de l'estomac.

§ II. — **Action du Gaz carbonique sur les voies respiratoires.**

Le gaz carbonique pénètre de diverses façons dans les voies respiratoires.

Immergé jusqu'au cou, dans le bain de Royat, on respire malgré soi le gaz carbonique qui vient paraître à la surface de l'eau. L'action de ce gaz peut se manifester alors par de la lourdeur de tête, de la tendance au sommeil qui persiste souvent après le bain : aussi conseille-t-on aux malades qui ont une susceptibilité très-grande pour cet agent de chasser avec la main ou un éventail le gaz qui vient flotter au-dessus de l'eau.

Le gaz carbonique est encore respiré dans les salles d'inhalation où les vapeurs minérales arrivent et se renouvellent constamment sous une température variant de + 24 à 30° centigrades.

La présence des principes minéraux dans les vapeurs des salles d'inhalation est aujourd'hui un fait incontestable. En 1876, M. Huguet, mon collègue à l'école de Clermont-Ferrand, a présenté au Congrès pour l'avancement des sciences un travail relatif à l'analyse des vapeurs minérales où il relate nos expériences communes et celles qui lui sont personnelles. (Séance du 24 août 1876.)

De ces diverses expériences il résulte :

1° Que la présence de l'acide carbonique est nécessaire pour entraîner les sels fixes dissous dans l'eau minérale ;

2° Que l'action médicale provient de la nature des gaz (acides carbonique ou sulfhydrique) et de la présence à dose infinitésimale de sels fixes.

Il est assez curieux de rappeler les expériences qui le prouvent : en vaporisant de l'eau minérale artificielle sans acide carbonique, on trouvait à peine dans l'eau résultant de la condensation des vapeurs la trace des principes minéraux constitutionnels dont on constatait au contraire l'existence très-accusée quand dans la même eau on projetait avant la distillation un jet d'acide carbonique sous forme d'eau de Seltz.

Cela démontre jusqu'à l'évidence la nécessité de la présence de ce gaz pour favoriser le passage des sels fixes.

A l'action sédative du gaz carbonique des salles d'aspiration sur les muqueuses respiratoires il faut en ajouter une autre sur les sécrétions des membranes muqueuses, et spécialement sur la muqueuse bronchique : aussi l'administration de ces vapeurs minérales est-elle très-indiquée dans le catarrhe des voies respiratoires des asthmatiques et des emphysémateux.

§ III. — Action du Gaz carbonique employé à l'état de Gaz pur.

L'acide carbonique pur ou presque pur est employé à Royat sous forme de bains généraux et sous forme de douches.

Voici comment le bain est administré : le malade est placé avec ses vêtements ouverts, et mieux déshabillé, dans une baignoire de zinc, recouverte d'une toile de caoutchouc échancrée à une extrémité pour entourer le col et dégager complétement la tête. Un tuyau de caoutchouc amenant le gaz s'ouvre dans l'intérieur de la baignoire au moyen d'un robinet à main. Le gaz arrive directement des réservoirs d'eau minérale de la Grande-Source, où il s'emmagasine.

Le robinet ouvert, le gaz vient baigner la surface du corps. Les premières minutes se passent sans rien ressentir, mais après quatre ou cinq minutes apparaissent divers phénomènes qui sont à signaler :

1° Sensation de picotement général ou partiel plus prononcé à la *région lombaire, périnéale et génitale* ;

2° Sensation de chaleur vers ces mêmes régions. — Plusieurs sujets ont appelé mon attention sur une sorte de gonflement du gland voisin de l'érection.

Pendant le bain, le pouls ne varie pas, la respiration s'exécute sans angoisse, librement; les sécrétions ne sont ni augmentées ni diminuées. Le bain n'est pas prolongé au-delà de vingt minutes, car après cette période les phénomènes que je viens d'indiquer ne se reproduisent plus.

M. Gubler et quelques auteurs mettent en doute l'action du gaz sur la peau non dépouillée de son enveloppe épidermique. Pour eux les divers phénomènes que je viens d'indiquer, et qu'ils admettent d'ailleurs, seraient dus à la non-possibilité d'échange gazeux entre la peau et l'atmosphère et à l'emprisonnement de l'acide carbonique normal dans les capillaires sanguins.

Cependant, si l'on s'en rapporte aux expériences d'Abernethy sur l'absorption des gaz par la peau, on doit reconnaître que l'acide carbonique est un des plus absorbables ; il est donc très-probable que le gaz traverse la couche épithéliale et détermine alors l'anesthésie, la congestion, la rougeur par une sorte d'asphyxie des capillaires, asphyxie passive suivant Gubler, asphyxie active suivant Abernethy.

Dechambre n'ose se prononcer (*Dict. encyclopéd.*) et met l'action anesthésique sur le compte d'un changement apporté dans les fonctions hématosiques locales.

Quoi qu'il en soit, et que l'on prenne parti pour la théorie de Gubler ou d'Abernethy, ces phénomènes divers sont manifestes et leur série serait bien plus accusée si le gaz carbonique arrivait dans la baignoire avec une température de + 25 à 30° centigrades.

A ce degré, l'action gazeuse est beaucoup plus marquée. On n'a, pour s'en convaincre, qu'à placer la main au-dessus du griffon du bain de César à Royat; on sent alors une chaleur douce avec fourmillements, ce que l'on n'obtient pas aussi bien avec le gaz à température basse. Et, chose bizarre! quand la main quitte la couche de gaz flottant au-dessus de l'eau où elle ressent une chaleur que l'on estimerait volontiers à + 40° centigrades pour se plonger dans l'eau du griffon (T + 29° C.), elle éprouve un sentiment de froid désagréable, et cependant gaz et eau marquent le même degré thermométrique.

Ces bains et douches de gaz exercent une influence heureuse sur les cas pathologiques suivants :

Hyperesthésie cutanée ou vulvaire ;

Circulation périphérique incomplète ;

Plaies douloureuses de la gangrène sèche;

Névralgies diverses;

Ulcérations et carcinomes du col utérin.

Le gaz employé comme je viens de l'indiquer a été recueilli dans des flacons et éprouvettes. Son analyse a été faite séparément par M. Huguet et M. Truchot.

Ce gaz est formé d'acide carbonique ne contenant que quatre à cinq millièmes d'azote. M. Truchot évalue à plus de trois mille litres par minute le dégagement de gaz carbonique provenant de la Source Eugénie.

CONCLUSIONS

I. — Le gaz acide carbonique dissous ou à l'état libre dans l'eau minérale de Royat agit physiologiquement sur les muqueuses digestives en y déterminant des picotements, de la chaleur, de la congestion passagère accompagnée de sensation de vertige ou de légère ivresse chez certaines natures susceptibles et nerveuses.

Il modifie heureusement les affections chroniques ulcéreuses ou douloureuses des muqueuses buccale, linguale, pharyngo-œsophagienne, par son contact direct.

Par le bain, son action s'exerce sur la peau en y déterminant des picotements, de la rougeur et une circulation capillaire avec stase sanguine plus ou moins prolongée, action qui est utilisée par la thérapeutique.

II. — Respiré avec les vapeurs minérales, il imprime une action modificatrice, mais principalement sédative, à la muqueuse du larynx et des bronches.

III. — Employé en bains généraux et en douches, il a une action incontestable sur la circulation capillaire, mais cette action semble être prédominante sur la région *sacro-périnéale et génitale*. Il détermine une excitation du sens génital ; comme l'ont signalé d'autres expérimentateurs, à ces phénomènes qui sont réels mais fugitifs succède la sédation. Enfin, ces effets sont beaucoup plus marqués quand le gaz est utilisé à une température se rapprochant de + 30 degrés centigrades.

OBSERVATION I

Métrite ulcéreuse du col. — Vaginisme

Mme X..., 35 ans, tempérament lymphatique, constitution moyenne, mariée, deux enfants, menstrues très-abondantes et anémie consécutive. Léger prolapsus utérin, ulcération de la lèvre postérieure du col. L'examen est des plus douloureux par suite de la contracture violente des fibres musculaires du sphincter vaginal. Cet état persiste depuis plusieurs mois déjà et tout contact avec l'orifice vulvaire est des plus pénibles. C'est le *vaginisme*, tel que le nomme et le décrit Marion Sims. Un traitement approprié est prescrit. L'action reconstituante de l'eau minérale ne tarde pas à se manifester sur la santé générale. Au vaginisme on oppose les grands bains à eau courante avec injection dans le bain, *bains de gaz carbonique avec douches gazeuses*. Les premières injections déterminaient de la douleur, mais après une semaine de traitement le contact du gaz n'était plus douloureux et l'introduction de la canule à injection pouvait se faire facilement.

Après 25 jours de cure, le malade quittait Royat dans un état d'amélioration évidente.

L'année suivante, en 1877, nous avons revu Mme X..., dont l'anémie et l'hyperesthésie vaginale avaient disparu quelques semaines après son retour des eaux en 1876.

OBSERVATION II

Vaginisme. — Métrite chronique. — Chlorose

Mme S... 28 ans, tempérament lympathico-nerveux, constitution faible, deux enfants, métrite chronique ulcéreuse du col, leucorrhée. Plusieurs cautérisations au nitrate d'argent ont été pratiquées pour la combattre ; examen très-douloureux, contracture du sphincter vaginal rendant les rapports conjugaux sinon impossibles du moins très-pénibles ; quelques antécédents rhumatismaux, fréquentes apparitions d'urticulaire qui paraît être d'origine arthritique

Mme S... fait deux saisons à Royat, en 1875 et 1876. La seconde cure n'a été faite que pour confirmer et consolider la guérison obtenue après la première.

Comme la plupart des malades atteintes de vaginisme à qui nous avons donné nos soins à Royat, Mme S... était chloro-anémique. C'était donc sur un terrain choisi en quelque sorte que l'action hydrothermale devait s'exercer ; aussi le succès vint dépasser nos espérances.

L'eau minérale fut administrée intus et extra et nous prescrivîmes chaque jour les grands bains de gaz carbonique avec douches vaginales.

Dans ces deux cas, l'acide carbonique a agi comme hyposthénisant sur la contracture douloureuse et comme irritant substitutif des ulcérations du col utérin.

OBSERVATIONS III ET IV

Vaginisme secondaire. — Chloro-Anémie

Mme G..., 30 ans, un seul enfant vivant, plusieurs fausses couches. C'est à la suite d'une de ces fausses couches qu'elle fût prise d'accidents aigus de pelvi-péritonite qui se terminèrent après de longues souffrances par une induration péri-utérine dont on reconnaît les traces par le toucher. En même temps apparaissaient les signes symptomatiques du vaginisme. L'introduction de l'extrémité d'une canule à injection détermine des douleurs très-vives s'accompagnant de contractures musculaires très-prononcées. La santé générale s'était ressentie du long séjour au lit et du manque d'exercice.

Après une cure de trente jours, nous pûmes constater une amélioration des plus manifestes ; l'engorgement péri-utérin était devenu souple et mou sous le doigt, le col de l'utérus, immobile primitivement dans la cavité du petit bassin, pouvait se mouvoir sous l'indicateur sans déterminer de souffrances. Enfin, le vaginisme, sans avoir disparu, n'était que peu marqué.

Mᵐᵉ X..., 33 ans, blonde, lymphatique, un enfant, trois fausses couches, a été atteinte comme la malade précédente à la suite d'un de ces accidents, de pelvi-péritonite.

Il existe un vaginisme permanent. Mᵐᵉ X... a fait doux cures à Royat, l'une en 1875, l'autre en 1876. Pendant la première saison, le traitement hydro-thermal avait déterminé chez la malade une excitation assez vive, comme une sorte de rappel à l'acuité de l'affection. Néanmoins, après deux mois de repos à la campagne, Mᵐᵉ X... obtint une telle amélioration que d'elle-même elle revint en 1876 à Royat. De cette deuxième cure elle obtint un résultat excellent.

Réflexions. — Nous ne pouvons donner ces deux cas comme des observations de vaginisme simple ou essentiel, attendu que la cause doit être cherchée dans l'inflammation pelvienne et la compression que ce processus inflammatoire devait exercer sur le plexus nerveux du petit bassin, mais nous les avons publiés pour bien montrer l'action résolutive des eaux de Royat, et en même temps leur action hyposthénisante.

OBSERVATION V

Névralgie anale

M. X..., de Lisieux, 35 ans, est atteint depuis deux ans d'une névralgie anale intolérable. Notre distingué confrère M. le docteur Notta, ayant tout essayé pour amener la guérison et tous ses efforts étant restés sans résultat, eut l'idée de nous l'adresser à Royat.

Nous mîmes en usage les grands bains de gaz acide carbonique avec injections de gaz sur la marge de l'anus et de la partie inférieure du rectum ; la canule n'étant poussée qu'au delà du sphincter externe.

Le malade fit une cure d'un mois ; il partit de Royat très-soulagé, mais ce soulagement ne dura que six semaines, comme nous l'écrivit M. le Dr Notta. Ce n'est donc qu'une guérison temporaire que nous avons obtenue.

Je dois ajouter qu'il faut être très-circonspect pour les injections de gaz carbonique dans le gros intestin. — D'abord il détermine des coliques souvent très-vives et il faut éviter la trop grande absorption du gaz, qui pourrait être cause d'accidents.

OBSERVATION VI

Gangrène sénile

Un vieillard de 70 ans était atteint de gangrène sénile des orteils, qui déterminait des douleurs atroces. J'eus l'idée de lui faire prendre matin et soir un grand bain de gaz carbonique de vingt minutes. Pendant les premières minutes de l'immersion, le malade accusait de l'augmentation dans ses douleurs ; puis peu à peu la sédation survenait, et à la sortie du bain cet infortuné pouvait jouir d'un calme relatif. C'est grâce à ce procédé que je pus lui faire passer la période de la chute des escarres. — Les plaies consécutives à leur chute se cicatrisèrent et aujourd'hui le malade, doué heureusement d'une forte onstitution, est complétement guéri. — Dans l'espèce, l'action hyposthénisante du gaz acide carbonique est évidente et pourrait aussi bien se faire sentir sur toutes les autres plaies douloureuses, notamment dans les cancers ulcérés du col de l'utérus ou autres.

OBSERVATION VII

Prurit vulvaire

J'ai eu l'occasion d'observer plusieurs malades atteintes de prurit vulvaire *sine materiâ* ou de prurit vulvaire eczémateux.

Dans le prurit essentiel on peut administrer d'emblée les grands bains d'eau minérale et les bains et douches de gaz carbonique, et je dois dire que la plupart des femmes atteintes de cette affection insupportable ont été soulagées.

Pour le prurit eczémateux, il y a lieu de distinguer : quand la poussée de l'eczema est à l'état aigu, il faut s'abstenir des bains et douches de gaz et mitiger l'eau minérale du bain. Ce n'est que lorsque cède la période aiguë que l'on peut avoir recours au gaz carbonique, qui, dans ce cas, détermine, souvent avant la guérison de l'eczéma, un soulagement notable et la disparition du prurit. Je pourrais citer à cet égard plusieurs observations concluantes.

3384. — Paris. — Imp. Vᵉ Éthiou-Pérou, rue Damiette, 2 et 4.

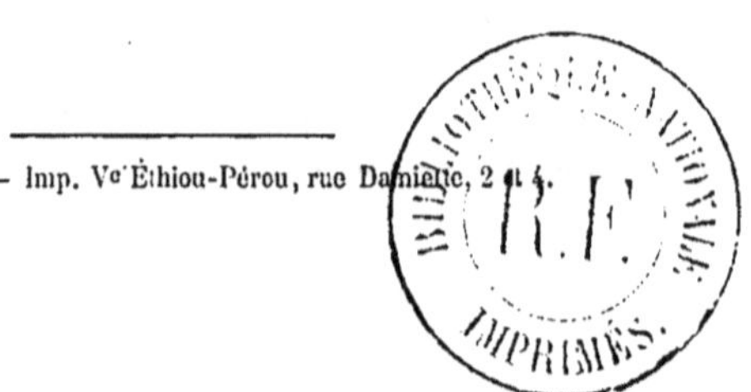

DU MÊME AUTEUR

———

DE L'EMPLOI DU CHLOROFORME DANS LES ACCOUCHEMENTS. In-8°, Paris, 1867.

ÉTUDES SUR LES FRACTURES TRAUMATIQUES DU LARYNX. In-8°, 1868.

CONSIDÉRATIONS SUR LES EFFETS DE LA FOUDRE SUR L'HOMME, étude médico-légale. In-8°, 1872.

DES ACCIDENTS PRODUITS PAR LA MORSURE DE LA VIPÈRE EN AUVERGNE. In-8°, 1873 et 1876.

DE LA LITHINE DANS LES EAUX MINÉRALES DE ROYAT ET LES PRINCIPALES SOURCES THERMALES D'AUVERGNE (Truchot et Fredet). In-8°, 1875.

NOTE SUR LA RANDANNITE. 1877.

ÉTUDE SUR L'ACTION PHYSIOLOGIQUE ET THÉRAPEUTIQUE DU GAZ ACIDE CARBONIQUE A ROYAT (Association française pour l'avancement des Sciences, 1877.)

COMPTES-RENDUS DES TRAVAUX DE LA SOCIÉTÉ MÉDICALE DU PUY-DE-DÔME, années 1875 et 1876.

RAPPORT SUR QUELQUES STATIONS THERMALES FRANÇAISES ET ALLEMANDES MISES EN REGARD DE CELLE DE ROYAT. In-8°, 1876.

ÉTUDE SUR L'ANÉMIE ET LA CHLOROSE, LEURS COMPLICATIONS ET LEUR TRAITEMENT PAR LES EAUX MINÉRALES DE ROYAT. In-8°, 1878 (Honorée d'une Médaille d'Argent par l'Académie de Médecine.)